Дарья Чудная

ЖИВОТНЫЕ-КОСМОНАВТЫ

Первые покорители космоса

художник
Ася Мицкевич

ПИТЕР® ГЮРГИЙ издатель ГУПАЛО
МУЗЕЙ КОСМОНАВТИКИ

Санкт-Петербург
2018

诚挚感谢：

航天博物馆馆长——N.V.阿尔秋辛娜，

苏联英雄、苏联宇航员——A.I.拉维伊金，

负责科学工作的副馆长——V.L.克里门多夫，

以及博物馆工作人员 S.A.吉拉斯秋金、I.E.萨韦利耶娃、D.A.斯塔林纳姆

为本书提供的支持和帮助

人类一直梦想着征服太空，但是，最初却是一群小动物为人类通往宇宙深处闯出了一条道路。

小狗成为了航天技术领域的科学家和设计师最忠实的帮手。

本书将会为读者朋友们讲述关于小狗宇航员选拔和训练，以及它们首次飞行和命运变化的故事。

原文书名：Животные-космонавты. Первые покорители космоса

原文作者署名方式：Дарья Чудная Художник Ася Мицкевич

版权说明：本书中文简体版权由锐拓传媒授权北京航空航天大学出版社

北京市版权局著作权合同登记号 图字：01-2019-1092

图书在版编目（CIP）数据

动物宇航员：首批太空探索者 / (俄罗斯) 达莉亚

·楚德纳娅著；王霄译. -- 北京：北京航空航天大学

出版社, 2021.7

ISBN 978 – 7 – 5124 – 3575 – 9

Ⅰ.①动… Ⅱ.①达… ②王… Ⅲ.①航天－技术史

－世界－普及读物 Ⅳ.①V4-091

中国版本图书馆CIP数据核字(2021)第150327号

动物宇航员：首批太空探索者

[俄] 达莉亚·楚德纳娅 著　　[俄] 阿西亚·米茨凯维奇 绘

王霄 译　　张智慧 审定

出版统筹：航空知识

策划编辑：武瑾媛　　　　责任编辑：武瑾媛

视觉设计：闫妍

出版发行：北京航空航天大学出版社　地　址：北京市海淀区学院路37号（100191）

电　话：010-82317823（编辑部）　010-82317024（发行部）　010-82316936（邮购部）

网　址：http://www.buaapress.com.cn　读者信箱：bhpress@263.net

印　刷：北京文昌阁彩色印刷有限责任公司

开　本：889mm×1194mm　1 / 16　　印　张：4　字数：89 千字

版　次：2021 年 9 月第1版　　　　印　次：2021 年 9 月第1次印刷

ISBN 978-7-5124-3575-9　　　　　定　价：48.00 元

如有印装质量问题，请与本社发行部联系调换　　联系电话：010-82317024

小狗宇航员的历史

在这个夜晚，"所长"又飞起来了，真的飞起来了，不过是在梦里。其实，事情是这样的：起初它只是沿着马路在奔跑，但总有人想试图抓住它。

然后它还就真的被抓住了，随后又发生了一系列它无法理解的事情：不知为何它感觉天旋地转，还有人使劲儿想要给它套上点什么。

"所长"突然开始难受起来，身体一会变得特别沉重，一会变得轻飘飘，这种感觉真的难以描述，但在梦里，总是会有这样令人费解的事情出现。

这个梦几乎每晚都会重现，"所长"一次又一次地感到恐惧和迷茫，它决定逃跑，但是双腿却完全不听使唤，仿佛使尽全力，也根本无法从座位上移开自己的身体，"所长"感到异常疲惫。

又好像还没等"所长"的梦魇完全消失，就有人轻轻地抚摸着它的头顶，轻声说：

"怎么了，宇航员，怎么又飞上去了？降落吧，下来吃点东西吧！"

吃东西真的是一件非常开心的事情，这是对抗黑夜噩梦的最好良方，也是驱走一切不愉快的最佳方法。

于是，"所长"开始享用它的美食了。

比加加林还早

全世界都知道首个宇航员的名字是尤里·加加林，他在1961年4月12日搭乘"东方"号载人飞船进入太空。于是，他成为了世界上首个进入太空的人。但是，加加林可不是首个抵达太空的"地球居民"。相较于举世闻名的宇航员加加林，那些真正最早抵达太空的首批探险者的名字却不为人知，这可有点不公平。

太空探险即便是放在现在，依旧存在巨大的风险，更不要说人类历史上的首次太空飞行了！那时的人们对太空基本上算是一无所知，但就准备向未知领域迈进了。当时的人们对太空有着诸多想要了解的问题，然而知晓的答案却还远远不够。

比如，人类能否承受住发射和着陆时的过载？失重是否会对人类的身体产生影响？太空辐射是否会损坏宇航员的健康？要知道在地面上我们受到地球磁场的保护，但是在飞船上这个磁场就消失了。还有，宇航服要制造成什么样，才能确保宇航员的舒适和安全？如果宇航员进行出舱活动，进入到外太空会怎样？当时的人们面临着诸多问题，诸多疑惑。而这其中最重要、最亟待探索和知晓的问题就是，是否人类身体特性决定我们根本无法实现星际航行？又或许，我们人类一旦离开赖以生存的地球就根本无法存活？

这些问题的答案等着人类去太空中寻找，在地球上我们永远也无法解答这些疑惑。

于是，地球上的"首批居民"开始出发前往外太空寻找真相。豚鼠、老鼠、小鼠、鹌鹑、蝾螈、青蛙、蜗牛和一些鱼类搭乘着无人生物卫星挺进了太空，开启了太空探险旅程。我们知道的比较著名的动物宇航员是仓鼠和壁虎，但是首批进入太空的"地球居民"却是小狗。

小狗"莱卡"是首个完成地球轨道飞行的动物，它搭乘"人造地球卫星"2号进入太空，该卫星是世界上首颗生物卫星。

舷窗里看到的地球

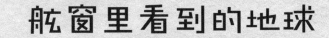

早在加加林从飞船舷窗俯瞰地球并发出那句惊呼"我看见地球了！"的十年之前，小狗们就已经完成了这项工作。当然说实话，当时小狗乘坐的首批火箭是没有舷窗的，所以，小狗们也没有办法去观赏地球的美景，但不管怎么样，这经历听起来都很美妙。

但为什么是小狗呢？为什么科学家们没有选择从猴子开始进行宇宙探索呢？要知道，猴子可比小狗更像我们人类啊？是呀，我们人类和猴子在某种意义上来说还算得上是"亲戚"，但是正因如此，如果能够在和人类毫无关系的小狗身上获取到更多有效的信息，那么我们进军太空这个艰巨的任务不就能取得更大的突破了吗？

几千年前，小狗还保持着性格中的原始本能——狼性，而彼时还穿着草裙居住在洞穴里的人类就已经尝试驯服小狗，并和它们和睦相处。另一方面，人类和小狗彼此之间又相互学习，有了彼此的烙印。小狗们开始渐渐变得人性化，而人类在遇到麻烦事时也会像小狗一样"暴跳如雷"，当然我们不会像它们那样愤怒地发出犬吠。就这样，经过长期的相处和磨合，现在的我们很轻松就能弄懂一只小狗在想什么，甚至比弄懂一个人类小伙伴还要轻松。而小狗们知晓人类的事情也越来越多，甚至能够一眼看穿我们。

狗可以很好地被人类调教，可以学会很多技能。例如，小狗们很轻松地就能够记住三百个单词，而极为聪明的甚至可以记住上千个单词。与小狗相处很容易，总之是比性格反复无常的猴子容易得多。

科学家们从头到脚地研究了狗的身体。他们研究在哪只狗身上使用新疗法，以及哪只狗的反应值得深入分析？以及最终，哪只狗成为了那只"巴甫洛夫之狗"？"巴甫洛夫之狗"指的就是被人们选中并送上天的小狗，可以说，这些小狗们对人类提供了极大的帮助。

宇宙指的是我们星球大气层之外的无限空间，宇宙中含有大量电磁辐射和星际物质。"宇宙"这个词来自希腊语"和谐，世界秩序"。

苏联航天首席设计师谢尔盖·帕夫洛维奇·科罗廖夫建议将为宇航员提供在轨生命支持并能带他们返回地球的航天器命名为宇宙飞船（类似于"远洋船"）。

7

太空贵族

　　并不是所有人都适合当宇航员，小狗们也一样。在选拔太空犬时科学家们精挑细选。牧羊犬、獒、圣贝尔纳狗以及其他大型犬类直接被淘汰掉，因为狭小的装有弹射装置的太空舱根本装不下它们。一些小型的纯种小狗也被淘汰掉了，因为它们比较娇气，调皮且性格软弱，这种小狗根本没办法飞上太空。最终，迈向太空第一步的还是小型的流浪狗。为了在城市的街道上生存，它们必须很聪明、很狡猾、还很强健，灵活且意志力顽强。总的来说，在选拔太空犬时，流浪狗要优于其它小狗，因为它们应对包括危险和灾难在内的突发事件时会表现得更为灵活。就这样，流浪狗就被科学家们选为太空犬了。

就这样，莫斯科开始了大型流浪狗搜寻活动。莫斯科市的流浪狗很多，仅仅是在迪纳摩体育场人们就成功地找到30多只太空犬备选小狗。

1950年的秋天，被认定适合成为太空犬的小狗们开始在航空医学研究所接受密集的训练。到了1951年的夏季，第一批太空犬的14名成员已经完全准备好执行飞行任务了。

小狗宇航员"小松鼠"和"小箭头"是首批完成轨道飞行的动物，它们毫发无损地返回了地球。在俄罗斯航天博物馆里还保存着当时装载它们的弹射装置。弹射装置表面上有一道返回着陆时砸下的凹痕，向后人们讲述着当时发生的故事。

谁不适合成为宇航员？

　　所有被选中的小狗，都是小型犬，体重不超过6~7公斤，都非常聪明，而且全部是杂交狗。那些短毛的、黑色毛发的小狗是不会被选中执行飞行任务的，亮色毛发的小狗才是太空犬的最佳选择，因为在执行飞行任务中全程都会有相机进行拍摄，而亮色毛发的小狗在镜头之下显像会更加清晰。当时拍摄使用的还是黑白胶片，拍出来的图片不是很清晰，如果是黑色毛发的小狗坐在狭小的航天器内，拍出来的照片里甚至都很难找到这只小狗。

　　另外，太年幼或者太年迈的狗也被淘汰掉了：小狗崽耐性不强，很难听从指挥；年迈的老狗身体完全撑不住那些严格的测试。于是，首批太空犬的备选名单中全部是身材匀称的浅色毛发流浪狗，而且它们都正值壮年——全部在2~6岁之间。

太空是从哪里开始的呢？一般我们认为，距离地面100公里的高度就是太空的边界，尽管清晰的边界实际上是不存在的。但距离地面越远，空气就越稀疏，如果将航天器发射到距离地面100公里的圆形轨道上，那么它可以围绕地球转一圈，再离开轨道，在大气层中焚毁。如果轨道高度再低一点，那么航天器就很难围绕地球完整地转一圈，因为低轨道的大气层密度对于保持轨道速度来说太大了。因此，航天器发射的速度必须达到7.9km/s。

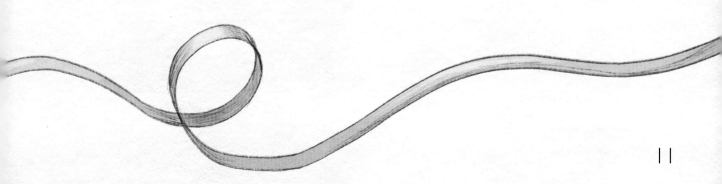

成双成对的训练

被选中的小狗们在莫斯科航空航天医学研究所的红砖房子里定居下来了。这个红砖房子其实是一个秘密实验室，在选拔出太空犬备选小狗后，曾经的流浪狗，也就是未来的太空犬就在这里开始接受锻炼。在这个实验室里，科研人员对小狗们进行着极为严格的秘密飞天前准备训练，流浪狗们在这里开启了训练生活。

科学家们决定让小狗们两个一组一起飞天。首先，这样保险性更高，至少有一只太空犬能够活着回来的可能性也更大。更重要的是，科学家们可以在太空犬返回地面后，对有着相同经历的两只太空犬的身体状况进行比较。让我们来设想一下，如果飞行过程中一只狗发生了意外，而另一只小狗飞上去又返回了地球，在此种情况下，第一只小狗发生的意外就可以认定成为偶然事件。但是如果两只太空犬的机体和行为都出现同样的变化，那么这种变化就可以认定为非偶然性事件。

作为未来的飞行伙伴，同批受训的太空犬都两两居住在一起，科学家们希望，在执行飞行任务之前它们能够和睦相处，避免未来在太空中发生争吵。

为了让未来的太空犬们习惯在狭小的舱内并排而坐，科学家们先让它们居住在一个模拟太空舱的密封舱里。对于曾经流浪街头的自由主义者们来说，这个居住条件可不太舒服。

在地球上无法体验到失重。于是，在执行飞行任务之前，小狗们要在试验飞机上进行专门的训练。试验飞机将沿正弦曲线飞行，到波峰处体验为时26秒钟的失重。在这种情况下，身体将失去重量，飘浮在空中。在这个时间点上，动物的身体机能将会经历不适，然后逐渐地适应失重现象，同时，动物们身体里的血液还会重新分布。但无论如何，动物们还是能够很好地适应失重现象的。

小狗和人类

因为天天在一起工作，科研人员和小狗们自然而然就成为了好朋友，与它们分开的那一天也会很难过，更何况小狗们面临的还是不可知的未来。负责太空犬训练的工作人员非常清楚小狗未来的命运，因此对它们悉心照料，尽量避免它们在训练中受伤。

不过试想，让你在一个小房间里待上20天会怎样吧。在这样一个狭小的空间里，虽然每天都能吃到不同种类的美味食物，而且量非常大，但是在这里既不能跑，也不能玩耍，更不能和其它小狗交流玩耍，这里对小狗来说真的一点乐趣也没有！

隔壁"邻居"也被闷在一个小屋里，这实在太无聊了！而且小狗们行动还必须小心翼翼，以免弄坏或碰掉身体和衣服上的传感器。在整个实验过程中，科学家们就是靠着这些传感器提供的数据来了解小狗们状态的。

这些太空犬的候选者们在振动试验台上体验模仿火箭可能会出现的振颤。

科学家们用弹射装置将它们发射升空，随后小狗们再搭乘降落伞落地。与此同时，它们还要在离心机上进行旋转训练，忍受超过5倍的过载……

它们面临的各种挑战还不仅如此，它们不得不学会使用专门的自动饲喂槽，这是一个会在固

"小煤球"
和科研人员

14

定时间传递食物盒子的传送带。在小狗们刚刚叼起一小块美味的食物准备开吃的时候，墙后会发突然出咯吱咯吱的响声！并且声音超大，"轰隆——轰隆"、"砰砰"一下又一下地!这是小狗们训练生活中很不愉快的一部分，小狗们要学会适应突如其来的莫名其妙巨响并做到淡定自如。在最开始的时候，小狗们听到声音后表现得很惊恐，逐渐地，小狗们适应了这种古怪的声音，即便听到了也像没有听到一样，继续享用自己的美食。

　　更何况，这些美食非常的可口，完全不同于以往在它们流浪生涯中所吃的食物，每只小狗都有一个喜欢的监护人，他们也都不会忘记给小狗们喂各种美食，当小狗们吃完饭，然后还可以走出去散散步，梳理梳理毛发，再玩一会……总而言之，这时候小狗终于可以表现得像自己身体的真正"主人"，但是只是在实验间歇的休息阶段。

离心机是宇航员培训的一种强制性训练，在离心机上进行的旋转训练会给身体带来被训者体重的8到12倍的负载。离心机的外观看起来像一个巨型的哑铃，在离心机的一端是固定着宇航员的太空舱，另一端是巨大的平衡器。

"吉普赛"

卡普斯京亚尔

　　那个时候还没有发射场。首批火箭就是直接从草原上的发射点发射升空的，发射点位于阿斯特拉罕地区附近的卡普斯京亚尔。在1962年苏联发射了一颗军事卫星"宇宙1号"之后该发射地就被正式命名为卡普斯京亚尔。

　　最初，这里只有试验台、混凝土发射场和一对掩体，掩体是人们在点火时用来隐藏发射活动的，那里生活工作环境非常艰苦，甚至都没地方住。

　　军官、工程师和科学家们都住在帐篷或土窑里，当然如果够幸运的话，也会住在当地居民的房子里。一些负责航天项目的领导们住得稍微好一些——住在专门停泊在铁轨分支上的列车车厢中。

　　在临近发射前，小狗们才被运送过去，和它们一起来卡普斯京亚尔的还有莫斯科的实验相关人员，他们全程负责小狗们的训练，不夸张地说，这些科学家们，非常爱护自己负责照看的小狗。

一会咱们就飞！

17

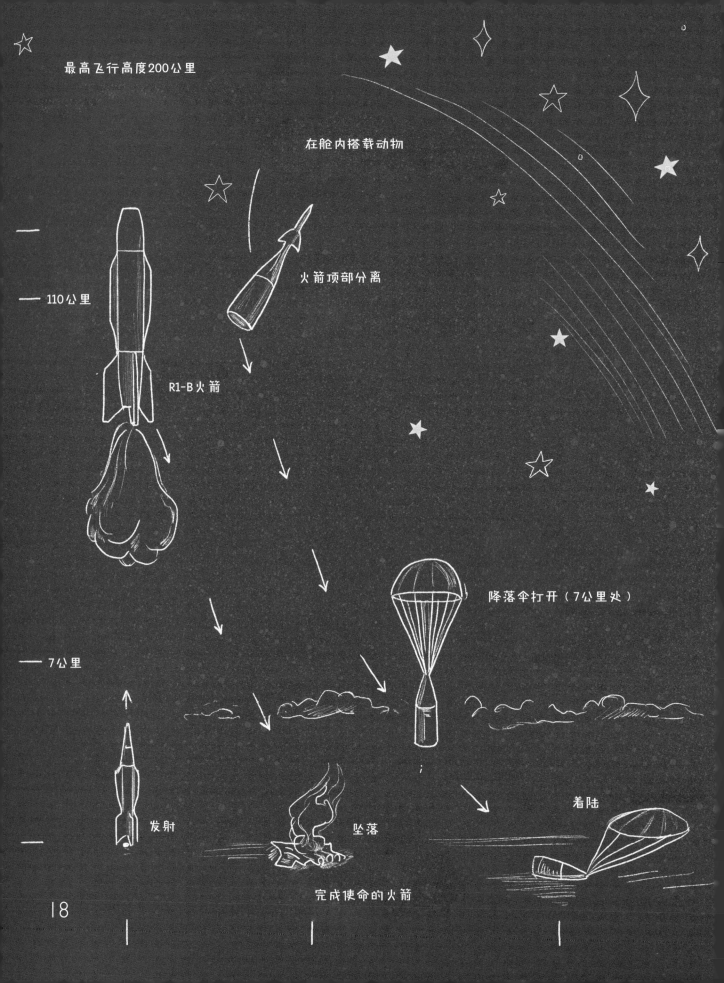

最高飞行高度200公里

在舱内搭载动物

火箭顶部分离

110公里

R1-B火箭

降落伞打开（7公里处）

7公里

发射

坠落

着陆

完成使命的火箭

18

首批发射，然后返回

　　最初，小狗前往太空的时间很短暂，基本上是上天后就返回。小狗们搭乘的工具是高空火箭R1-B，火箭能够到达距离地面100到200公里的高度。在第一批小狗宇航员尚未飞天的时候，科学家们就开始利用R1-B火箭研究大气层顶层和近地真空的情况了。

　　R1-B火箭将小狗送到距离地面110公里的地方，随后火箭发动机关闭，火箭依靠惯性继续飞行。与此同时，火箭顶部，也就是搭载了小狗宇航员和仪器的太空舱与火箭进行分离，并开始自由落体向地面坠落。在距离地面7公里处，降落伞打开，完成地面软着陆，但这也不是每次都能成功的。

　　小狗宇航员的首批飞行任务主要回答全世界关注的一个问题：动物能否活着经受住火箭剧烈点火发射速度。这些技术方面的细节，包括任何一个错误故障、疏忽对小宇航员们来说都是致命的因素。

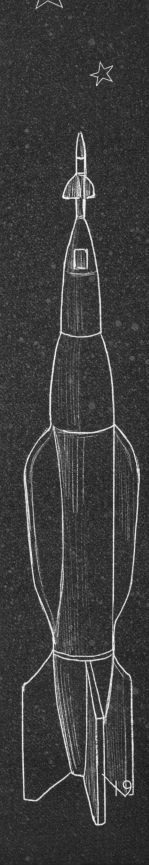

轨道飞行要求飞行速度以至少达到第一宇宙速度7.9km/s，如果达不到这个飞行速度，人造地球卫星是无法进入轨道的。

地球物理火箭R-2A可上升到距离地面209公里处，发射质量为20.6吨，火箭顶部的重量为1340公斤；火箭长度为19.9米，船体直径是1.65米。

19

"杰吉克"和"吉普赛人"

在小狗宇航员候选者中,白色小狗"杰吉克"和黑毛小狗"吉普赛人"被公认为是最沉稳的星际航行候选者。

似乎是在训练时它们就已经看惯了这些稀奇古怪,以至于现在没有什么事情能让它们感到惊讶。但无论怎样,1951年7月22日还是成为了它们丰富多彩的生活中最不可思议的一天。

这一天,太阳都还没出来,它们就被早早地叫醒了。工作人员给两只小狗喂了食,它们吃了美味的焖肉罐头、面包和牛奶,然后套上了布满传感器的宇航服。所有的一切看起来都同往常一样,小狗们就要开启新一天的工作了。但是这一切又似乎不同与以往。小狗们不会表达,但是它们能清晰地感受人们的情绪。当人们很平和时,它们也会很安详;当人们愤怒时,它们也会躁动;当人们紧张时,它们也会很惊慌。

但是"杰吉克"和"吉普赛人"依旧表现得非常沉稳和自信:它们的脉搏很正常,呼吸很均匀,鼻头是凉的,尾巴是撅着的。在为期一年的训练中,它们的神经已经被训练得像钢丝绳一样刚强。

小狗们最喜欢的一个人——从事医疗服务的上校弗拉基米尔·亚兹多夫斯基可实在无法平静。作为实验室的负责人,亚兹多夫斯基负责小狗宇航员的训练工作,并全权负责"杰吉克"和"吉普赛人"的飞行准备训练,在训练过程中亚兹多夫斯基对所培训的两只小狗产生了深厚的感情,而现在他却要亲手把自己训练的小狗送往那个未知空间了。

他亲自将两只小狗送到火箭顶端,又亲眼看着它们被放入舱内,然后绑好安全带,再挂满传感器,所有装备都安装好了,然后开始开启空气循环装置,要关闭舱门了。亚兹多夫斯基走向小狗,注视着它们,抚摸着小狗的耳朵,他在和小狗们告别,亚兹多夫斯基很害怕,他害怕这是他跟小狗们的最后一面了。

不管怎样亚兹多夫斯基还是祝愿小狗们飞行任务能取得成功,并安全返回地面。小狗们则对他回以鼓励性的微笑,你们知道,小狗们怎么笑了吗?在小狗和亚兹多夫斯基告别后,工作人员才关闭了舱门。

1951年7月22日凌晨4时30分,在太阳升起前的十分钟,苏联卡普斯京亚尔发射场首次使用火箭将活体动物发射入轨。

火箭升起后产生的浓雾和火焰逐渐变成了火花,又慢慢融入到冉冉升起的太阳的光芒中。隐藏在掩体站的工作人员们既紧张又害怕地盯着火箭的踪迹。

一个观察人员嘟嚷地说到:"不知道动物们能否能承受得住呢。"

地球的磁场是指我们星球周围有磁力的区域。科学家们一致认为，地球磁场的产生与地核的存在密不可分。地核由其内部的固体和液体部分组成。地球磁场是由于液态地核自转形成的，而电荷运动导致了地球周围磁场的产生。

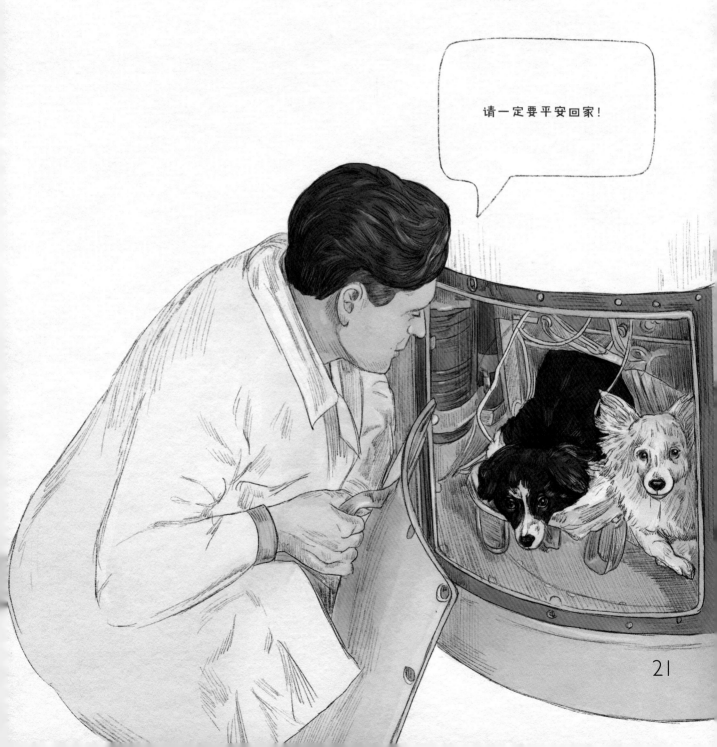

请一定要平安回家！

还活着！还活着！

　　紧张的人们盯着闪闪发光的天空看了大约十五分钟，这十五分钟里几乎一片沉寂……随后在地平线上，出现了一张雪白的降落伞！在这一刻，这些有名望的科学家和军官，将官衔、级别、年龄和伤病统统抛之脑后，高喊着冲上前去。

　　亚兹多夫斯基也拼命挤上前去，当然还有动作更快的科学家。他们已经跑到最前面，并且已经看到了小舷窗里面，那么他们在激动地大叫什么呢？小狗们还活着吗？

　　"还活着！还活着！"

　　所有人都如释重负，工作人员感觉无比幸福，

　　小狗们是活着回来的，并且状态良好地安全返回了！

"还活着！"

22

"杰吉克"

确实是这样，有传闻说小狗"吉普赛人"划伤了，这纯属是无稽之谈，小狗们没有受到任何损伤。小狗们甚至情绪也很稳定，工作人员将它们身上的传感器卸下来后，它们就原地转了个圈，跳起了小狗舞，它们摇摆着自己的尾巴，爬到迎接它们的人身上亲吻，尤其是亚兹多夫斯基抱着小狗们亲了又亲。

这场欢迎首批宇航员归来的欢迎仪式并没有结束，过了一会，苏联火箭航天工业的总设计师谢尔盖·科罗廖夫也到达了发射场，这位重要的大人物在这一刻已经幸福得忘了形，他抱起"吉普赛人"和"杰吉克"，放到自己胸前，兴奋地绕着密封舱又跑又跳。说实话，这位总设计师跑得简直像个孩子！这一刻他就是小狗们平日里非常喜爱的科罗廖夫。两只小狗健康、镇定，并刚从太空飞回来！它们已经能接受人类的所有古怪了。

随后人们给两只小狗喂了一些美味的香肠和糖果，把它们抱上华丽的小汽车中，人们不停地称赞两只小狗，交口称赞着。

23

АВГУСТ
19
ВОСКРЕСЕНЬЕ
1951

不听话的"勇敢者"

每一只小狗都有自己独特的个性，一些太空犬性格就完全不温和。"吉普赛人"和"杰吉克"是听话的、温顺的小狗，但它们的其他太空犬"同事"们有些还忘不了自己过往的生活，虽然那时处处都是危险，天天充斥着饥饿，但是它们很自由啊。所以，一些小狗们在研究中心待了几天，就悄悄跑路了。在莫斯科到处都是安保，栅栏也搭得很高，而在大草原上，哪里还有栅栏呢？小狗要是逃跑了，上哪儿能去找到它们呀？"勇敢者"在散步时间就搞出了这样一场恶作剧，而且就在自己执行飞天任务的前两天。

怎么才能找到它，在广袤的阿斯特拉罕大草原上去找到一只不想被人类找到的小狗可真不容易。

现在必须要为"勇敢者"的同伴"渔夫"尽快重新选出一位新同伴。而选拔的全部工作必须在一天之内完成，因为不可能在这个时候再放弃飞行任务。

　　幸运的是"渔夫"的性格非常好，在整个小狗宇航员大队中都可以称得上是比较沉稳的了，它与其他小狗也能很好地相处。这只可爱的小狗与其他小狗们都能融洽相处，但它的新伙伴与它完全不熟悉的小狗能在太空中狭小的空间内和平相处吗？它们会不会在太空中打架？想来想去，在发射之前人们的紧张情绪简直到达了极限。

　　就在这时，逃跑的"勇敢者"竟然回来了，它一脸惭愧，蹲在地上，耳朵耷拉下来，紧紧地贴在狗爪上，不停地晃动尾巴，好像在说："请原谅我吧，我再也不会这样了。"你们知道的，小狗总是很会道歉并求得原谅。

　　当然，人们原谅了它，甚至没有人去责怪它，大家都很高兴"勇敢者"回来了。工作人员给"勇敢者"喂饱喝足，还把一些草刺儿从小狗身上的毛中梳理出来，然后就让"勇敢者"接受飞行前的体检。那么这个犯了错误的小宇航员究竟有没有准备好执行飞行任务呢？答案是完全准备好了！"勇敢者"的擅自外出并没有对它的身体造成任何影响。

　　1951年8月19日，"勇敢者"和"渔夫"正式升空，整个飞行任务无比顺畅，发射很顺利，任务完成得很圆满，两只小狗又安全着陆。

　　后来，"勇敢者"再也不敢从草原上逃跑了，要知道草原上可没有什么朋友，跑出去也非常无聊，更要命的是跑出去之后再也不会有人来给它喂食了。

去太空，就像去度假

小狗宇航员大队里还有一个逃兵，名叫"小牧笛"。有一天，"小牧笛"突然觉得科学对它再也没有任何吸引力了，于是在1951年9月3日，它放弃了飞天项目，逃离了小狗宇航员的队伍。按照原计划，"小牧笛"和它的同伴"小迷糊"应该这一天清晨前往太空执行飞行任务。在前一天的晚上，"小牧笛"吃饱喝足后，进行了例行检查，工作人员确认了"小牧笛"的体重和身体状况，并和"小牧笛"道了晚安，随后锁了笼子。结果，第二天早上，工作人员惊讶地发现笼子居然空了，而且笼子还是锁着的！小狗去哪里了呢？这真是一个大谜团！

但是情况紧急，人们已经没有时间去猜谜了，发射时间越来越近，要么就是直接取消发射任务，要么就赶紧再给"小迷糊"找个新搭档，但是放眼望去，这个节骨眼整个卡普斯京亚尔发射场都找不到一只合适的小狗了。要是从莫斯科再运送过来一个太空犬根本来不及，离发射只剩两个小时了，在这么短时间内去大草原上抓只流浪狗都来不及。

就在这时，突然有人想起在军官食堂旁边总是徘徊着一些流浪狗。士兵们总是给这些流浪狗喂食，因此小狗们也不怕人。给它们好吃的，它们自己就会跟着来，都不用去抓它们。科学家们立即动身去找这几只流浪狗，并一眼就选出了最适合成为宇航员的小狗，那只小狗很小，毛发明亮，看起来乐呵呵的，很健康，也很沉稳。科研人员马上把小狗抱起来，放在腋下，朝航天器飞奔而去。在飞奔的路上人们还给它起好了名字，这个名字可有点长，叫做"消失小汪的备选狗"，人们将它的名字缩写成ZIB，在测试日志上也是这么记录的。

大家决定此事先不告知科罗廖夫，为什么呢？告诉科罗廖夫只能让他也跟着再紧张一次，但无济于事，而且这个事情在飞行任务结束后科罗廖夫就会都知道了，到了那时候科罗廖夫一定会指责工作人员，但如果飞行进行得很顺利呢？人们觉得这根本不可能。

于是两个小时之前还在军官食堂里苦苦讨饭一转眼却变成宇航员的小狗，这次飞行任务完成得怎么样呢？答案就是非常棒！小狗在搭乘火箭升空时仍然表现得很开心，当然还一如既往的饥饿。

当科研人员抚摸着小狗，注视着它，开始研究它的时候，就更加确信了，其实当他们在看到这只小狗在烟雾中飞上太空，所有人都确定了，这只小狗就是符合要求的太空犬！

事情的结果还是非常好的。就连科学家们自己都想不到，他们通过这次飞行还获得了新发现。完全没有受过任何训练的小狗能否承受住飞行过程？其实完全可以很好地承受。飞行负载会对小狗身体机能产生怎么样的影响呢？答案是没有影响。

ZIB用自己后来的一生经历证明了这个结论。后来，ZIB没有再参加飞行任务，而是成为了动物飞行组织检查国家委员会的领导布拉戈维罗夫院士的宠物。ZIB后来一直住在院士的房子里，在院士的沙发上打滚，陪着院士的孩子们一起散步，吃着比较丰盛的食物。这个结局对于一只小狗来说非常好了，尤其是对于前半生都在军官食堂乞讨的小狗来说。

布拉戈维罗夫院士非常喜爱ZIB，但也没有忘记一直关注着ZIB的健康状况和行为。谁知道年少时代的一次意外太空冒险会不会在多年之后给小狗身体带来什么影响呢？但是什么都没有发生，ZIB度过幸福而漫长的一生，这就证明了，飞往太空对身体不会造成严重损害。

而当科罗廖夫知道了代替原来受训小狗的流浪狗成功完成了任务，非常地高兴，他说了这样一句话，"未来很快，我们坐着飞船去太空就会像去度假一样简单！"

ZIB

在轨道上的一个昼夜只有1.5小时时长，也就是说宇航员们在太空中待一天，就会看到16次的日出和16次的日落。

"小迷糊"

27

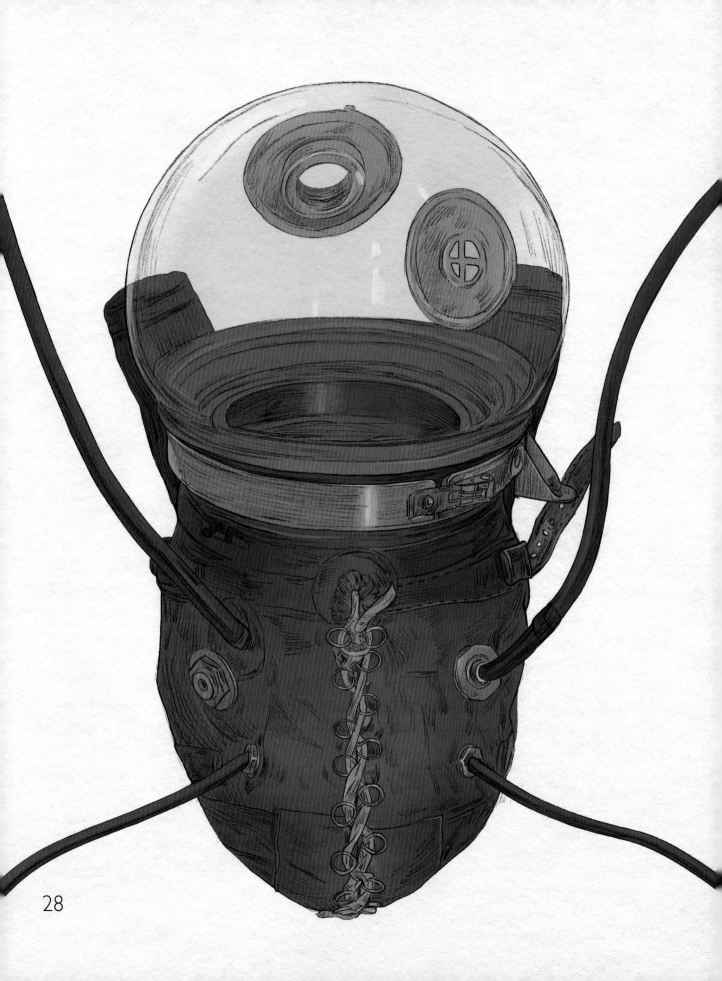

救生袋

　　"小迷糊"和ZIB的这次飞行成为了小狗航天员飞天试验第一阶段的第六次飞行，也是这一阶段的最后一次飞行。随后苏联科学家们开启了试验的第二阶段，测试在紧急情况下救生设备工作性能。在这一阶段，任何事情都可能发生，小狗必须亲身经历这些无法预想的事情。

　　它们需要在失压的密封舱里穿着宇航服努力活下去。也就是说，科学家们为小狗专门定制了宇航服，是用三层胶合织物制作的带有头套和前爪套的密封的宇航服。

　　宇航服内部用绷带固定住小狗，宇航服外面则是固定在一个专门的托盘上，并且每个宇航服还带有3个2升装的液氧瓶，使氧气以加压的气体形式灌注到宇航服中，可供太空犬使用两个半小时。在头盔下面有一个阀门，小狗在降落到距离地面4公里处降落伞开启时阀门自动打开，自此时起小狗可以在大气层自由呼吸。

　　所有这一切都很完美，但首先得让小狗进入到宇航服中，让小狗钻进这个可疑的袋子里，这件事或许比设计宇航服还要难，让小狗们在这个袋子里坐上几个小时？绝对不可能的，小狗又不是猫，根本不会坐在那个袋子里。

　　但是习惯可以改变任何事情。最开始小狗们钻进袋子里只能待几分钟，接着小狗们不再害怕钻进这些"可疑"袋子，并且能够坐更久一点，再往后坚持的时间更长一点，然后戴上头盔慢慢适应，再然后装配上飞行装置。总之，经过长期的训练，我们的这些小英雄们可以在完全装配好的宇航服内一动不动坐上超过两个小时。

小狗的宇航服。
真正的小狗宇航服被保存在位于莫斯科的航天博物馆，博物馆位于苏联国民经济成就展览馆地铁站附近，该博物馆以"宇宙探索者"纪念碑为核心建造。

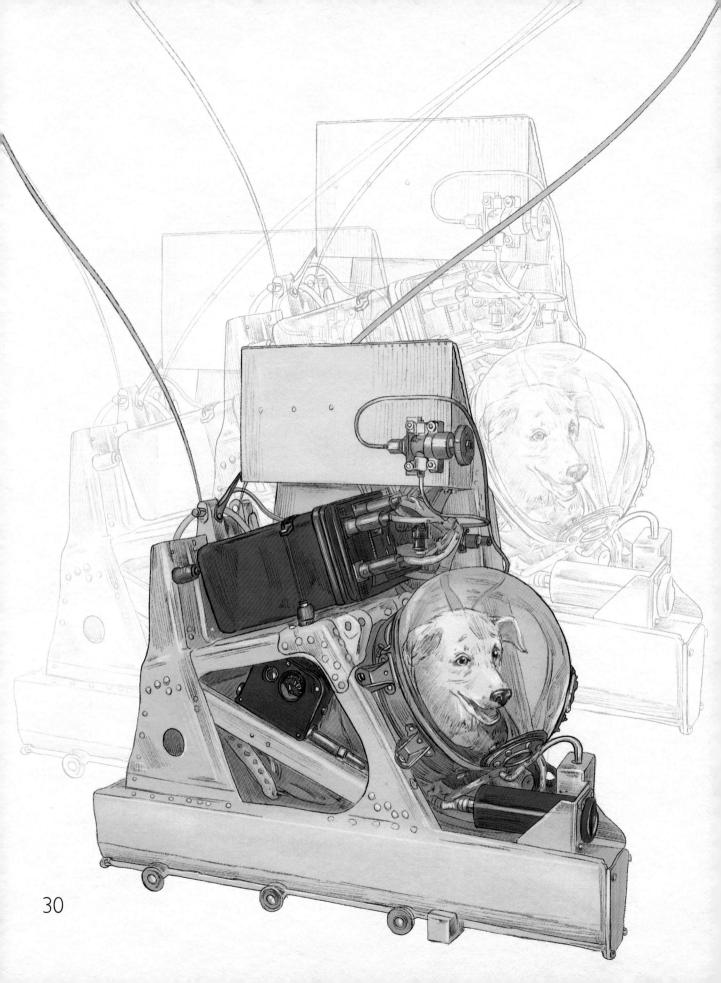

坐在有降落伞的小拖车上

太空犬们还需要在高空中验证高层大气中的弹射能力，并检测用来着陆的降落伞性能。

这些试验飞行的某些部分和以往的飞行任务很像。只是太空犬所在的火箭顶部到达110公里的高空处，发动机关闭后，太空犬和火箭不分离，太空犬们处于失重状态整整4分钟，太空舱才开始飞速向地面坠落。

所有的装置都被固定在小狗宇航员的专用小拖车上，然后到了预定时刻，火箭上的专用弹射器将把这些装置和小拖车一起从座舱里弹射出去。

当坠落的火箭降到距离地面75—86公里时，一个携带着身着宇航服的太空犬的小拖车自动弹射出来，并且以极快的速度行下坠落，速度超过700米/秒！

第一个抛船的小拖车，通常都是被固定在火箭的右方。被弹射出来的太空犬将经历3秒钟的自由落体体验，随后降落伞开启。此时，等待动物宇航员的还有一个刺激的体验，那就是开伞后被猛地往回一拉，将承受7倍过载。

这期间，它那搭乘在火箭左侧小拖车上的飞行伙伴继续随火箭降落，在距离地面39—46公里处被弹射出来。在此时的坠落速度已经超过1000米/秒，左侧小拖车的降落伞在距离地面3.8千米处开启，但此时过载还是很大。

宇航服的设计考虑了搭乘地球物理火箭的小狗宇航员们在大气层距离地面100-110公里处要被弹射出来，并利用降落伞着陆等等因素。

宇航服是由三层胶合织物和有机玻璃制成的球形头盔组成的密封壳体。宇航服被固定在专门设计的用于弹射的小拖车托盘上，托盘上还装有宇航服的供氧系统。该装置在1954-1956年的飞行任务中使用，是由"星星"科研生产联合体1954年建造。

比声音的速度还快

1954年7月2日，"渔夫"和"小狐狸2号"进入太空，"小狐狸2号"是按照进入太空的先后顺序起的名字，就像女王叶卡捷琳娜二世一样，因为在它前面已经有一只名叫"小狐狸"的太空犬抵达过太空了。

此次飞行进行得非常顺利，一切都是严格按照原计划进行着。发射中在距离地面100公里处，穿着宇航服的"小狐狸"带着降落伞一起与太空舱分离。

在这样一个几乎没有空气的高度，圆顶伞无法发挥作用，因为空气的密度不支持降落伞的打开。没有空气的地方，圆顶伞内部无法充满气体，也就没有办法打开，所以工程师们设计了一款特别的降落伞，即便在没有空气的地方也能敞开的降落伞。而"小狐狸"就成了这款降落伞的首个试验员。

与此同时，独自坐在火箭里面的"渔夫"正在经历加速，随后与火箭一起加速坠落，在距离地面45公里处，"渔夫"被弹射出来。而在这个点，太空犬的坠落速度是声音速度的3倍！在距离地面7公里处，降落伞完成了紧急安全降落。关于"渔夫"在经历巨大的过载时是否状态良好我们不得而知，不过在着陆的那一刻，"渔夫"完成得非常顺利。要知道，来负责体检的医生给的一节香肠就可以让小狗们立马忘却刚刚发生的惊险事件。

第一颗人造卫星"斯普特尼克"于1957年10月4日发射入轨。这颗卫星发出的"B-B-B"的呼叫被全世界的无线电爱好者捕捉到，而俄语中"卫星"这个词就开始变成了国际化词汇，自那时起，人类就开启了空间时代。

在"杰吉克"和"吉普赛人"顺利着陆之后，最高兴还是谢尔盖科罗廖夫，他抚摸着太空犬们，给它们投喂了香肠。也正是延用了科罗廖夫的做法，凡是顺利返回地面，成功完成任务的太空犬，都会被投喂香肠，这成为一个特殊的仪式。这是一个鼓励，同时也是成为了飞行任务后对动物们身体正常反应的一个有趣的测试。

超级有耐心的"小伙子"

　　搭载太空犬的小拖车在不同高度从火箭中弹射出来的最终着陆点都离得很远，甚至离发射场也很远。曾经发生过这样的事情，在很高的地点从火箭右方弹射出来的太空犬，最后居然在距离发射点70公里远的地方被找到了！

　　你可能觉得，在巨大的草原上找到一只小狗很容易吧？其实并不是，甚至比在干草垛上找根针还难。而当人们千辛万苦在附近找到这只可怜的、孤独的、不幸的，被包裹在不舒适宇航服中的小狗时，小狗都感觉自己无助，被抛弃，不再被需要了。

　　1955年11月4日，和"小按钮"一起飞天执行任务的"小伙子"在飞到天上90公里处被弹射出来，其实距离地面完全不算远，但是突如其来的一阵大风把降落伞吹走了，随后这只太空犬也不知去向。

卡斯普京亚尔发射场开始下起一阵阵的狂风暴雨，但是人们还是出发前去寻找，有的徒步寻找，有的驱车寻找，还有的乘坐飞机和直升机寻找。待到暴风雨已经结束，人们仍然什么都没有找到，即使看起来，在大草原上找到一个闪闪发亮的降落伞并不是什么难事。

　　在经历了两天的荒漠搜寻之后，大部分人决定放弃搜寻工作。当然，这样的话太空犬"小伙子"也就会牺牲在这片大草原上。不放弃搜寻工作的只有"小伙子"的飞行任务培训员和照看者——军事医学家亚历山大·谢里亚宾，他没有办法弃自己的朋友不顾，于是谢里亚宾恳求科罗廖夫让他开车再去一次草原上"小伙子"可能着陆的地点进行最后一次勘察搜寻。

　　人们又一次上路了，他们在荒野中开了一整天的车，但仍旧一无所获。失去信心的搜救队基本都撤离了，只有一个关心"小伙子"安危的士兵帮忙寻找，他提议去挨个搜寻草原上的小草丘，居然真的就是在这样的一个小草丘后找到了太空小拖车！但不知为什么，拖车没有和降落伞在一起。

　　拖车和"小伙子"在一起，"小伙子"还活着！它饿得很瘦，穿着宇航服被固定在小拖车上，已经三天三夜没有进食喝水。

　　而在降落伞拖车上的它本该更早一点被找到。事实上，它早就被发现了，但很遗憾的是发现它的不是搜救人员，而是放羊的牧羊人。牧羊人非常喜欢漂亮的彩带，于是他就把降落伞拿走了，小拖车他不需要就留下了，小狗他就更不需要了。这是人类星际航行史上唯一的一次人类碰到返回地球的太空英雄，却没有施以援手的事件了。

35

越来越高，越来越高

　　小狗宇航员们已经征服了地球周围的临近空间，下面它们将要向更远的空间出击。在第三阶段试验中，小狗宇航员们搭乘R-2A火箭飞到了212公里以上的高度，它们甚至搭乘R-5 A 火箭抵达到距离地面450公里的高度。随着高度的增加，负载也随之增加，还会出现9—10分钟左右的失重现象。

　　火箭顶部（小狗宇航员被固定的密封舱）在飞行最高点与火箭分离，自由跌落至距离地面4公里的高度。随后第一个降落伞开启，要知道在这样的一个高度着陆靠一个降落伞显然不够。在距离地面2公里处开启第二个降落伞，也就是主降落伞开启。从宇航员的角度来看，返回地球的过程非常难受，他们要经历猛冲、过载、再猛冲、再过载的过程。

　　1958年8月27日，小狗宇航员"别良卡"和"小杂毛"执行了当时飞行高度最高达453公里的飞行任务，此次飞行时间不长，但小狗们在返回地面后十分疲惫，长时间地躺在地上，甚至呼吸困难。尽管医学检测得出结论：它们身体状况良好，也就是说可以飞往更高的太空，但是十分艰难。

　　自人类将首批火箭和人造卫星发射升空后，也就伴随着产生了太空垃圾。目前在我们地球周围围绕着大约有三千多吨的太空垃圾。这些太空垃圾尺寸有的高达若干米，但大多还是尺寸比较小的金属屑。它们以每小时超过27000公里的速度运行着，这个速度相当快了，很有可能会对在轨运行的航天器和载人飞船造成损伤。

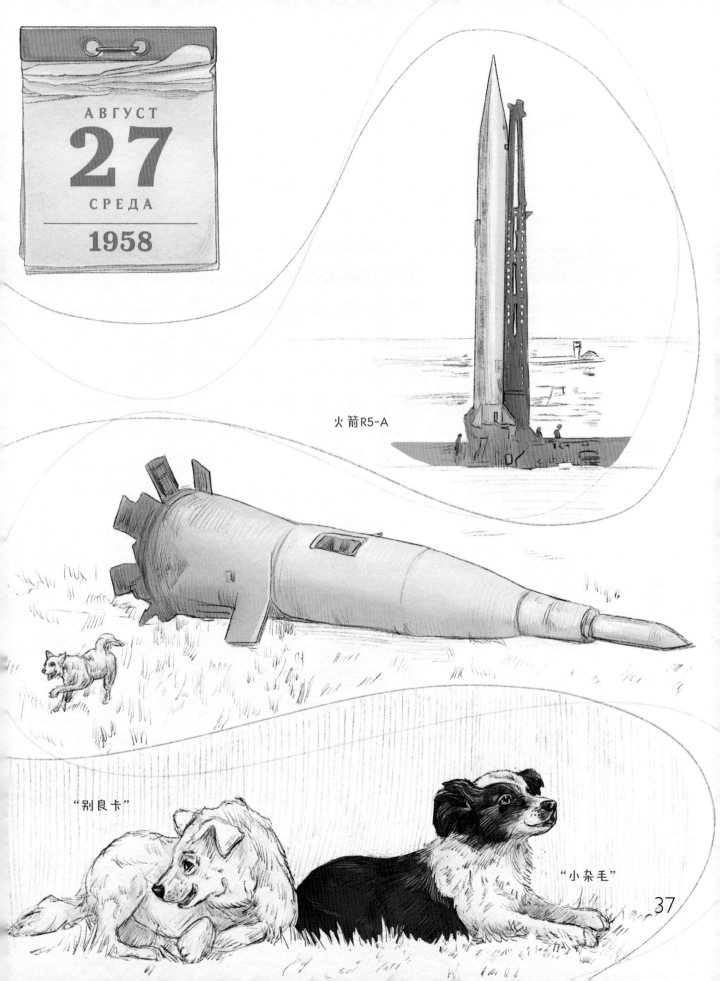

АВГУСТ

27

СРЕДА

1958

火 箭 R5-A

"别良卡"

"小杂毛"

37

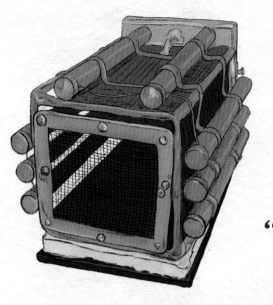

勇敢的"小钳子"
"小兔子"的首次亮相

　　小狗宇航员们到达距离地面250公里处的高度共计11次，还到过达450公里处共三次。这些小狗宇航员们不止一次执行过飞天任务，其中有一些上天过两次，有些3次。"小钳子"是真正的太空犬飞行纪录保持者：它到过太空边界一共5次！

　　再确切一点说，"小钳子"到过轨道只有两次。在它执行完第二次飞天任务后，人们发现给这个飞天小英雄取的名字不太合适，因为它一点也不凶狠，不爱咬人，甚至很可爱，还很勇敢，因此人们给它改名为"勇敢者"。

　　"勇敢者"有一个强有力的合作伙伴叫做"小雪花"，它们一起执行过三次飞天任务。在执行第二次飞行任务之前，"小雪花"也更换了绰号，改成"小珍珠"。在这次飞行任务中小狗们还有了第三个同行者，新的伙伴——一只小母兔"马尔福莎"，第二只执行飞天任务的小母兔"小星星"在另一次飞行任务中陪同"勇敢者"和"小小鱼"一起飞天。

"勇敢者"

你也许会问,为什么要把这么多兔子发射上天?因为科学家们要利用这些小兔子做实验,以解释空间环境对眼部肌肉的紧张度会产生何种影响,科学家们把进入太空过程中极度害怕的小兔子们眼部所做的每一个运动都用胶片拍摄下来,然后分析所获得的数据。

伴随小狗们上天探索宇宙的还有小鼠和老鼠等。它们也是成双成对地飞行,但是与小狗和小兔子不同,它们没有被固定到托盘上。在飞行中小型啮齿类动物被放置在笼子里,在笼子里小鼠们在失重期间自由飘行,关于当时在失重过程中的小鼠状态并无相关资料。

航天发射场最好离赤道比较近,在那里发射火箭可以最大化地有效利用地球自转速度。苏联时期选择的航天发射场位于哈萨克斯坦的拜科努尔,拜科努尔位于该国南部地区,目前俄罗斯以建成新的发射场东方航天发射场。

"小雪花"

"马尔福莎"

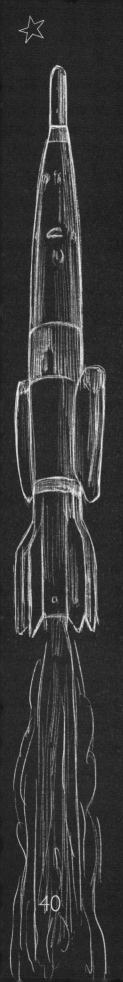

弹道和轨道

在太空飞行试验的前两个阶段，小狗宇航员是沿着弹道轨道进行飞行的。也就是说那时导弹搭载着小狗宇航员像从弩炮中发射出来的炮弹一样。弩炮就是很古老的一种掷石工具，类似大劲弩，主要在守卫自己的城池或攻击其他城池时使用。弩炮是用弓箭投射石头，而石头飞行一段时间，然后飞行速度放缓，并在引力作用下坠落。

现在到了将小狗宇航员发射到很高的轨道上去的时候了，发动机使火箭速度加快，火箭到达一定高度，在此高度地球引力不会将火箭很快地拉回地面。在开始坠落之前，火箭以及与它分离的部分在一段时间内是围绕着地球沿着一个圆形或椭圆形的轨道移动的。也就是说航天器在这时像月球一样暂时变成了地球的一个卫星，这种飞行被称为轨道飞行。

首批此类飞行任务还必须在地面上进行管理。在预定时间地面站发出指令，航天器离开轨道，准备着陆。

第一宇宙速度是在地球表面上方横向移动的物体沿圆形轨道前进的最小速度。对于地球来说，该速度为7.9千米/秒，或每小时28万公里。到达第二宇宙速度（约为11.2千米/秒）的物体则离开地球周围，成为太阳的人造卫星。

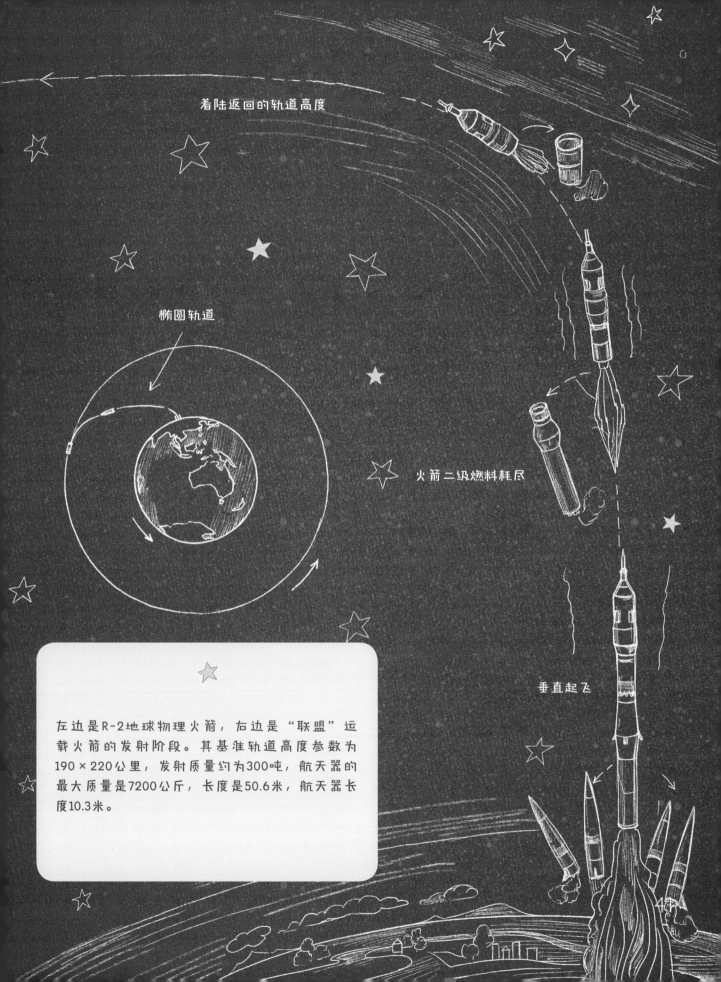

着陆返回的轨道高度

椭圆轨道

火箭二级燃料耗尽

垂直起飞

左边是R-2地球物理火箭，右边是"联盟"运载火箭的发射阶段。其基准轨道高度参数为190×220公里，发射质量约为300吨，航天器的最大质量是7200公斤，长度是50.6米，航天器长度10.3米。

清一色的"娘子军"

在早期的飞天任务中只有小母狗才能成为宇航员，你知道这是为什么吗？因为飞行任务时间较长，任何一只正常的小狗都不可避免地会有排尿的问题，小公狗需要把腿抬起来才能够排便，但是在宇航服里这个动作很难做。

为轨道飞行设计的宇航服配备了特有的排便装置，但这个装置只有小母狗才能使用。

现在的宇航员们在低轨空间站上一待就是一年甚至更长，而所有的这些可能性最初都是从进行轨道探险的首批小狗宇航员身上开始尝试的。正是在太空中，这些小狗宇航员不断适应使用喂食槽和长时间居住在宇航服里的被训过程中积累了相当多的经验。小狗们也不怕居住在拥挤的舱内，在长期的轨道飞行准备训练中，小狗们已经习惯了待在一个地方至少二十几天不出门。

在"苏联月球计划"框架下，科学家们开始利用飞行试验来研究太空过载对活体机能的影响。1968年9月15日成功发射了飞船"7K-L1九号"，该飞船又名"探测器5号"，搭载了如下活体动物：两只中亚海龟、果蝇、粉虫、紫鸭跖草、微生物细胞、高原植物种子—小麦，松树，大麦，海藻以及不同营养环境的高蛋白藻和不同种类的粘性细菌等。

首批抵达轨道的太空犬
"小松鼠"和"小箭头"

　　非常著名的宇航员"小松鼠"和"小箭头"是临到飞行前才获得这个名字。此前它们名叫"维丽娜"和"小水滴"，两个名字都很可爱，但是不太适合即将成为首批飞天的宇航员，要知道，它们的名字可是要被全世界人民所知的。

　　1960年8月19日15时44分，"小松鼠"和"小箭头"飞离地球。这次任务是在当时刚刚建成不久的拜科努尔发射场发射的，火箭成功地将飞船送入近地轨道。两只小狗在太空中度过了整整一天，它们围绕地球转了17圈，就如人们常说的那样，卫星围绕地球转17圈。

　　在执行飞行任务期间，试验人员利用摄像机追踪了两只小狗的状态和行为。这期间并非所有轨道上任意点都可以拍摄到，因为舱内小狗的活动还和以往一样使用胶片来进行拍摄。除此以外，科研人员通过接收固定在小狗身上的传感器获取它们身体的相关数据，因此地面上的医学研究人员非常迅速地就知道两只小狗的血压、脉搏、呼吸频率、体温和心脏指征。

"小松鼠"和"小箭头"在飞行任务中感觉良好。尽管在火箭刚刚点火起飞时有过载和摇晃现象，但它们很快就适应了，并且表现得还挺兴奋。在转第四圈时，"小松鼠"突然出现焦虑情绪，并试图从绑带中挣脱出来。但很快，曾经的"维丽娜"，也就是现在的"小松鼠"又重新找回了状态，后续试验人员并未发现它身体有任何异样，本次试验得出的结论就是在任何情况下，人类执行首次飞行任务只能以绕地球一圈为限。

　　还在小狗们绕第一圈，正好飞过拜科努尔上方时，小狗们突然不约而同地叫起来。那时赫兹多夫斯基发现，如果小狗们不是长嚎，而是狂吠，就说明它们马上要绕回来了，事实证明确实是这样。

　　在绕地球飞的第18圈，飞船接收到自动降落指令，随后制动发动机开启，航天器离轨，在距离地面5公里处，搭载小狗的太空舱弹射出来，开启降落伞，"小松鼠"和"小箭头"顺利着陆，几乎很准确地降落在预定区域，人们也就很快地找到了它们。

星际旅程

　　"小松鼠"和"小箭头"十分顺利地完成了本次太空历险。等待它们和科学家团队的是当之无愧的荣耀。飞上太空这件事当然并不简单，特别是对于两只小流浪狗来说。

　　两只小狗返回地面的第一件事就是被放到记者面前，随后它们又去了电视台。然后，全世界的人民都知道了"小松鼠"和"小箭头"飞天的英雄事迹，它们成为了真正的明星。很多名人都希望和两位小英雄合影，这其中比较幸运的就属美国钢琴家范克利本了，他那时刚好在莫斯科参加了柴可夫斯基音乐比赛并获了奖。于是电视台就邀请了这位知名音乐家和两位小英雄参加节目，就在节目开始录制之前，两只小狗突然情绪变得很激动，电视台里的喧哗和吵闹比飞上太空还可怕，"小松鼠"和"小箭头"逃离了陪同它们来录制节目的人，从走廊里逃得无影无踪。

"小松鼠"

"小箭头"

恰巧这时迎面走来了范克利本，他两只手各抓住了一只小狗，摄影师没有浪费这次机会，拍下最有名的一组照片之后。钢琴家和两只小狗的照片占据了全世界各大杂志、报纸的头版头条和大幅版面。

后来它们没有再执行飞行任务。等待它们的是另一种幸福的生活，和一群充满爱心的人过着衣食无忧的安逸生活。当然，明星般的地位让它们也多了一重责任，它们需要经常出现在公众面前，这些太空探险者是不会拒绝接见崇拜者们的，特别是如果这些崇拜者是一些小孩子的话。要知道"小松鼠"和"小箭头"去到中小学和幼儿园的时候就会表现得很开心。

在"小箭头"完成飞行任务数个月后，它生了整整6只小狗崽，其中一只幼崽"普申卡"被作为礼物送给了时任美国总统约翰·肯尼迪。

当了妈妈的"小箭头"

"普申卡"

47

追随小狗的步伐

　　"小箭头"和"小松鼠"的飞行成为了首次成功的轨道飞行。人们在提到首次飞行时不愿想起的一次不算成功的飞行，真正的首次地球轨道飞行任务其实是由一只名叫"莱卡"的小狗执行的，但是它在出发之后就再没回来。

　　"小狐狸"是科罗廖夫的心头好，它和"小海鸥"一起早于"小箭头"和"小松鼠"三周出发执行了轨道飞行任务。在发射之前科罗廖夫来和它们道别，他把两只小狗抱起来，抚摸着说，我希望你们一定要回来！但是，小狗却没有回来，"小狐狸"和"小海鸥"在发射后的第19秒时发生了事故。

　　在此之后科研人员开始研究紧急救援系统，该系统不仅仅针对在太空中和降落时开展救援，还能够在发射时进行援救，"小狐狸"和"小海鸥"带来的紧急救援系统至少救了4名宇航员的生命。

　　小狗贡献出了自己的生命，为人类做出了巨大的贡献，对此人们将永远铭记。人们为第一个进入轨道进行飞行的小狗"莱卡"制作了纪念碑放在莫斯科军事医学院里。

莱卡

19秒

"小狐狸   "小海鸥"

1968年9月21日，航天器"探测器5号"进入太空后沿着弹道轨道溅落在印度洋水域。当船上的水手准备将航天器拉回到甲板上时它们突然听到，飞船里面突然响了一声，随后又跟着发出敲打的声音，接着是一阵一阵的沙沙声和敲打声。于是这项工作被暂停，直到后来他们与研制"探测器5号"的科学家联系后才重新开始。海员们从科学家们那里获知，发出声音的是实验舱里的用来做实验的活体——海龟，1968年10月3日，返回舱搭乘苏联海洋学探险船"瓦西里·戈洛温"到达孟买，随后随船舰从那里再前往莫斯科。海龟们被从航天器里取出，运送到莫斯科的中央试验用机器制造设计局的科学家手中。

回到地球上，海龟表现十分活跃，并开始积极地运动，并且食欲大增。在实验期间，它们的体重减少了百分之十。"探测器5号"是世界上首个进行环月飞行的探测器，并在发射七天后返回了地球。

"指令长"伊万·伊万诺维奇

　　1960年，苏联已经准备好把人送到太空。要知道前期小狗宇航员已经把所有重要的工作都完成了，它们检验了所有的技术，测试了发射环境、失重和着陆环境，它们还回答了一个重要问题，就是动物到底能否在飞船里生存呢？

　　"可以"，小狗宇航员如是回答，"我们飞往太空很多次，科学家们在这些次探险中并未发现太空飞行对我们的身体和健康有什么影响，过载和失重产生的影响，在返回地球之后就在我们长期经过训练的身体里消失了，我们——小狗宇航员一切又恢复正常了！"

　　科罗廖夫做出决定：在小狗宇航员成功执行两次轨道飞行任务后就应该发射人上天了。按照任务轮序表，这次该轮到"小冬菇"和"小星星"出任务了。于是，它们就和一个名叫伊万·伊万诺维奇的假宇航员一起进入太空，伊万·伊万诺维奇是一个人体模型，仿照宇航员坐在飞船中，在伊万诺维奇身体里放置了小鼠和豚鼠，它们上天是为了给出科学家一个答案，即空间辐射是如何影响生命的。

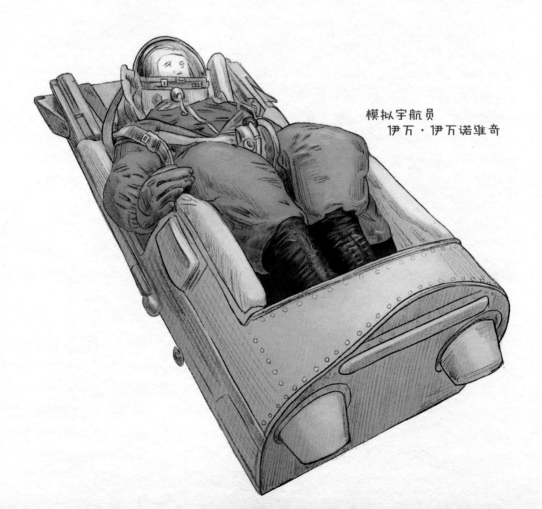

模拟宇航员
伊万·伊万诺维奇

50

"小星星"

　　就是在这样的一个背景下，"小冬菇"和"小星星"绕着地球完成飞行任务，并成功返回地面。两只小狗宇航员随着"指令长"伊万·伊万内奇和他体内搭载的小动物一起在着陆过程中被弹射出来。

　　"小星星"坠落到彼尔姆地区的一个荒无人烟的地方，它只能等待空军搜救帮助。伊热夫斯克空军部队的飞行员列夫·奥克尔曼找到了"小星星"，但不巧的是那里天气变得非常差，以至于无法直接飞回，最后飞行员和小狗只能在大森林里住了一晚。奥克尔曼将雪融化成水，喂给"小星星"，以确保小狗不会被冻僵，并把它放在衣服里，整晚暖在胸前。

　　17天后，世界上的首位宇航员进入了太空。

　　当飞船点火发射速度迅速增加时以及飞船制动时都会产生过载现象。在"东方号"和"上升号"飞船起飞后5分钟内宇航员的重量就变成了他实际体重的七倍。科研人员计算出一个可以帮助人度过过载期的最佳位置，就是半躺着。宇航员在过载期间身体加重，心脏将血液输送到大脑变得更加困难，大脑供血环境恶化，人就会失去意识。因此，在将人类送入太空之前，检验动物如何忍受这种状况对于科学家们来说十分重要。

ДЕКАБРЬ
22
ЧЕТВЕРГ
1960

小狗的名字和它们的命运

　　"茹尔卡"是奥列格·加津科的爱宠,加津科负责对准备执行飞天任务的小狗宇航员进行训练以及在它们返回地球后对其身体状态进行跟踪。当"茹尔卡"和著名的勇敢宇航员"小钳子"一起执行飞行任务时,"茹尔卡"先是叫"小雪花",又改名成"小珍珠"。后来,当它要和"舒特卡"一起执行任务时,"茹尔卡""小雪花""小珍珠"又变成了"小彗星"。

　　但是加津科一直叫它"茹尔卡"。

　　1960年12月22日,"小彗星"和"舒特卡"本应按计划执行一次近地轨道飞行任务,但负责将飞船最终送入轨道的火箭第三级出现故障,运载火箭偏离航向,当人们发现火箭在空中消失时,就意识到航天器发生了故障。

　　就在寒冷的冰天雪地中,两只小狗降落到了通古斯卡河附近的某个地方,那是通古斯陨石坠落处的某个神秘而又荒无人烟的地方。

　　人们对于两只小狗的生还没有抱任何希望,但最后找到了它们,在极端寒冷的大雪天里,搜救人员到了第三天才找到它们,在这种条件下,小狗生还可能性极低。

　　但是奇迹发生了,人们找到它们的时候它们竟然还活着。

　　加津科觉得小狗实在遭受了太多痛苦,于是决定把小狗带回家悉心照料,从此叫它"茹尔卡",他们就一起生活了14年。

　　很多只太空犬在执行完飞行任务后都被喜爱它们的人们领养走了。首批太空探险者"吉普赛人"被布拉戈维罗夫院士领养,在院士家里度过了快乐的十年。

　　那只代替逃跑的"小牧笛"飞天的ZIB也成为了一只令人喜爱的家养狗。

　　"小松鼠""小箭头"和"小冬菇"一起和热爱科学的科研人员居住在研究所里,并且受到他们的宠爱。"小星星"被赠送给莫斯科动物园,不过在那里它还是决定要恢复自由身,于是逃出来又重新过起了流浪生活。

飞船的内部空间很小，所以在太空中飞行时飞船搭载了一些小尺寸的动物：豚鼠、小鼠、老鼠、北螈、青蛙、蜗牛、仓鼠、壁虎和一些鱼类。

"我的茹尔卡！"

在"和平号"空间站上开展的两项生物学实验还被收入吉尼斯世界纪录中，分别是小麦从种子长成谷物的全周期实验（从1991年5月5日至10月10日），以及在太空飞行中生存时间最长的活体——矮型柠檬树（1990年至1992年）。从"礼炮号"空间站和"和平号"空间站开始的植物种植研究，到现在还在"国际空间站"上进行着。

还有哪些先驱者？

　　人类在探索宇宙方面的成功不仅仅依靠小狗。豚鼠、老鼠、小鼠、昆虫、植物、种子、真菌，甚至微生物都离开过地球，到达过太空。关于太空环境对生物体影响的研究方案需要许多人和动物的参与。

　　其他国家也都向太空发射过动物。除了小狗，美国还利用火箭将猴子发射升空。而法国的首位宇航员是一只名叫"费列克斯"的猫，但是"费列克斯"在发射前夕逃走了，于是法国人又临时换成了一只名叫"费莉谢特"的流浪猫发射升空。在成功执行任务后，"费莉谢特"获得了法国太空先驱的荣誉称号，确切地说是首位动物先驱者。

人们是在巴黎街头发现的"费莉谢特"，这只流浪小猫一跃成为"太空猫"（当时所有的媒体都这么称呼它）后变成了真正的大明星。1963年10月24日，"费莉谢特"搭乘"弗农电子"火箭进入距离地面210公里处的太空，失重状态持续了五分零两秒钟，执行飞行任务后，救援人员发现了一只与火箭分开的太空舱，被发现时小猫状态良好。
它在太空中一共待了15分钟，返回地球后它成为了法国的国民英雄。

"老兵"怎么变成了"所长"?

    1966年2月22日,飞船搭载着"老兵"和"小煤球"从拜科努尔发射场发射,在这之前已有十人成功飞往太空,但是他们在太空中驻留的时间并不是很久。"老兵"和"小煤球"需要面临在轨道上生活整整22天的挑战!它们在太空中创下的这个纪录人们短时间内是无法打破的。

    小狗们是在发射前6个小时被移送到飞船内,在发射之前"小煤球"其实叫"小雪球",后来更换了名字,也是因为它毛发颜色较深。

    3月16日17时15分,航天器着陆,在晚上9点时,小狗们就已经回到苏联卫生部的医疗生物学研究所了,也就是它们接受飞天训练的地方。

    在苏联宇航员尤里·加加林上天之后,小狗们就只有这一次飞天,但是飞行时间却是这么长!

    在外太空待这么久,对小狗的身体必然会产生影响的。在着陆之后,由于过于虚弱,还脱了水,小狗的两只脚根本无法站立。宇航服下的小狗侧脸出现了擦烂的伤口,几乎所有的毛发都脱落了,"老兵"还在太空中弄丢了牙齿。不过,没有仪表堂堂的外观也不影响我们的小英雄们在当天就出现在电视机里。

后来，小狗的身体都完全恢复了，并过得不错，至于"老兵"，它决定留下献身科学，留在研究所，和那些随时准备飞上天空的宇航员们一起，在走廊里散步，用爪子打开所有房间的门，甚至还爬上最高的太空舱。它到哪里都很受欢迎，人们抚摸着它，梳理着它的毛发，和它一起玩耍，当然人们还给它喂食好吃的，只不过那些好吃的是不需要使用牙齿咬的，毕竟"老兵"在飞天时在太空中弄丢了自己的牙齿。

它变得非常重要，于是人们又重新给它起了新名字，也是它以后一直使用的名字："所长"，从此它的生活，它的一切都变得很好。

但是有时候，更确切地说是"经常"，"所长"常常梦到它又飞上天了，这是多么可怕又刺激的梦啊，但这也是多么美好的体验啊！

– "怎么了，宇航员，怎么又飞上天了？下来吧，下来吃点东西吧！"

吃东西是非常开心的一件事，这是对抗黑夜噩梦的最好良方，也是驱走一切其他不愉快的最佳方法。

于是"所长"就开始享用它的美食了。

在太空中出生的第一个动物是蟑螂。首个在近地轨道空间站"和平号"上出生的高等生物是鹌鹑。

"小煤球"

"老兵"

57

太空犬的历次飞行

搭乘R-1导弹飞行至110公里处

22.07.1951 杰吉克和吉普赛人 +

29.07.1951 杰吉克和小狐狸 −

15.08.1951 小熊仔和奇日克 +

19.08.1951 勇敢者和小红毛 +

28.08.1951 小熊仔和奇日克 −

03.09.1951 ZIB和小迷糊 +

搭乘R-2火箭在降落时被弹射

26.07.1951 雷日克和贵妇人 ·

02.07.1954 小狐狸2号和雷日克 +

07.07.1954 贵妇人和小熊仔 ·

25.01.1955 丽塔和琳达 ·

05.02.1955 小狐狸2号和小土豆 −

04.11.1955 小伙子和小按钮 +

14.05.1956 奥尔宾娜和小甲虫 +

31.05.1956 小伙子和米莉达 +

06.07.1956 奥尔宾娜和小甲虫 +

搭乘R-2火箭到达212 公里高度

16.05.1957 小红毛和贵妇人 +

24.05.1957 小红毛和小丑 −

25.08.1957 小松鼠和时髦女 +

31.08.1957 小松鼠和贵妇人 +

06.09.1957 小松鼠和时髦女 +

02.08.1958 小钳子和棕榈2号 +

13.08.1958 小钳子和棕榈2号 +

02.07.1959 勇敢者和小雪花 +

10.07.1959 勇敢者和小珍珠 +

15.06.1960 勇敢者和小小鱼 +

24.06.1960 棕榈2号和小小鱼 +

搭乘R-5火箭飞上415～473公里高度

21.02.1958 棕榈和小绒毛 −

27.08.1958 别良卡和小杂毛 +

31.10.1958 捣蛋鬼和小按钮2号 −

搭乘火箭进行轨道飞行

03.11.1957 莱卡 −

28.07.1960 小狐狸和小海鸥 −

19.08.1960 小松鼠和小箭头 +

01.12.1960 小蜜蜂和小苍蝇 −

22.12.1960 小彗星和舒特卡 *

09.03.1961 小冬菇 +

25.03.1961 小星星 +

22.02.1966 小煤球和老兵 +

符号含义

+ 成功飞行

− 不成功飞行

· 仅回来一只小狗

* 飞行任务失败，但小狗仍活着

有15只小狗都完成两次以上的飞天任务。"杰吉克""小狐狸2号""小小鱼"
"雷日克""奇日克""小伙子""棕榈2号"飞天2次。"勇敢者"也就是"小钳子"
飞天5次，"小红毛""小熊仔""小松鼠""贵妇人""小雪花"（也叫"小珍珠""小彗星"）
飞天3次，"小甲虫"和"奥尔宾娜"于1956年6月7日和6月14日一起搭乘R-1E火箭连续飞
天2次。

纪念碑

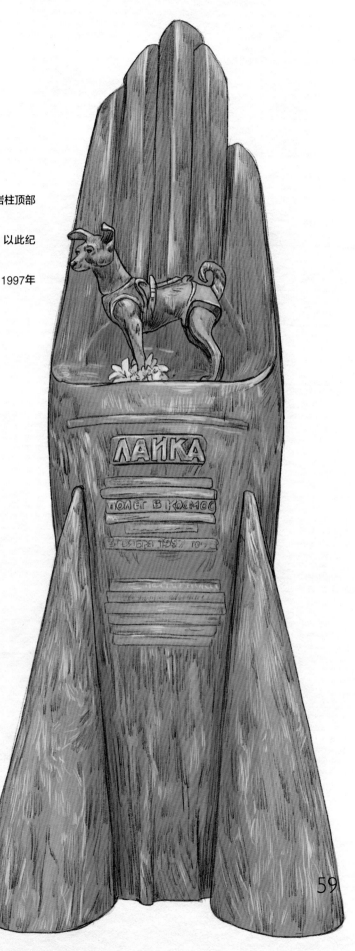

1958年，在巴黎犬类保护协会前竖立起一个花岗岩柱。花岗岩柱顶部是一个朝向向上的卫星，里面是小狗"莱卡"向外望去。

在希腊克里特岛的智人博物馆中，建立了太空犬的纪念碑，以此纪念"莱卡""小松鼠"和"小箭头"。

在莫斯科的国家军事医学研究所中矗立着"莱卡"的纪念碑，1997年该纪念碑开始对外开放，该研究所负责"莱卡"的飞天任务准备。

2006年，在伊热夫斯克也建成了太空犬的纪念碑。

2008年，"莱卡"纪念碑于在俄罗斯莫斯科国防部航空航天医学科学研究测试中心的院子里正式建成。

谢尔盖·帕夫洛维奇·科罗廖夫
和他的爱犬卡普斯京亚尔，1951年。

给小狗做心电图，20世纪50年代。

为执行地球物理火箭飞行任务的小狗安装医疗测量传感器，20世纪50年代中期。

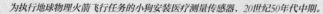

给小狗穿上宇航服，20世纪50年代中期。

科罗廖夫与小狗"小箭头"在拜科努尔
航天发射场，1960年8月。

"吉普赛"和"杰吉克"搭乘R-1V地球物理火箭成功飞行到101公里的高度后返回地面。左边为弗拉基米尔·伊万诺维奇·亚兹多夫斯基，前排抱着小狗蹲在地上的分别是V.I.波波夫和A.D.谢里雅宾，后排正中者为科罗廖夫。1951年7月22日。

医生与灰兔子（又名马尔福莎）和"小雪花"狗。
1959年7月2日，"小勇士""小雪花"和"马尔福莎"一同搭乘R-2A火箭升空

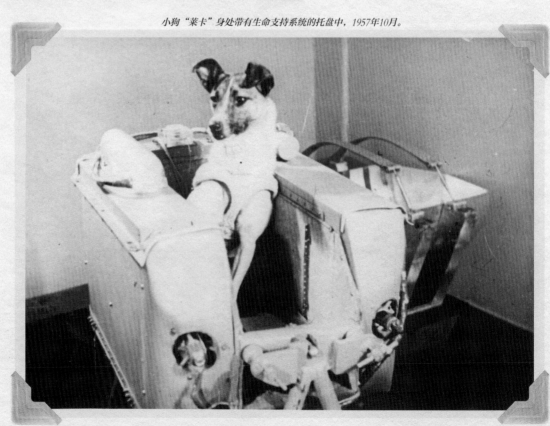

小狗"莱卡"身处带有生命支持系统的托盘中，1957年10月。

目录

Дарья Чудная

Животные-космонавты. Первые покорители космоса

Художник Ася Мицкевич

Научно-популярное издание (12+)

Автор идеи и руководитель проекта Георгий Гупало

Главный редактор Наталья Преображенская
Арт-директор Елизавета Третьякова
Научный консультант Сергей Герасютин
Литературный редактор Людмила Тарасова
Специалист по леттерингу Михаил Левченко
Редакторы: Ольга Волкова, Александр Преображенский
Дизайнер-верстальщик Елена Кузнецова
Корректор Екатерина Кузнецова

Изготовлено в России. Изготовитель: ООО «Юпитер».
Место нахождения и фактический адрес: 105094 г. Москва,
Семёновская наб., д. 2/1, этаж 6. Тел.: +7(495) 234-38-15.
Дата изготовления: 04.2018. Наименование: детская литература. Срок годности: не ограничен.
Подписано в печать 04.04.2018. Формат 84х108/16. Усл. печ. л. 4. Тираж 5000 экз. Заказ 0000

Отпечатано в соответствии с предоставленными материалами в ООО «ИПК Парето-Принт».
170546 Тверская область, Промышленная зона Боровлево-1, комплекс №3А, www.pareto-print.

Заказ книг:
тел.: (812) 703-73-74
books@piter.com

WWW.PITER.COM
каталог книг
и интернет-магазин

Ⓥ vk.com/**piterdetstvo**
Ⓘ instagram.com/**piterdetstvo**
Ⓕ facebook.com/**piterbooks**
▶ youtube.com/**ThePiterBooks**